Bibliografische Information der Deutschen Nationalbibliothek:

Die Deutsche Bibliothek verzeichnet diese Publikation in der Deutschen National-
bibliografie; detaillierte bibliografische Daten sind im Internet über http://dnb.d-
nb.de/ abrufbar.

Impressum:

Copyright © 2016 GRIN Verlag, Open Publishing GmbH
Druck und Bindung: Books on Demand GmbH, Norderstedt Germany
ISBN: 9783668320642

Dieses Buch bei GRIN:

http://www.grin.com/de/e-book/341774/simulation-eines-bremsvorgangs-ohne-abs-
mit-einem-pkw

Stefan Landfried

Simulation eines Bremsvorgangs ohne ABS mit einem PKW

Unter Verwendung von Simulink und MATLAB

GRIN Verlag

AKAD University Stuttgart

Studiengang zum Master of Engineering (FH)

Assignment

- Simulation eines Bremsvorgangs ohne ABS mit einem PKW -

Inhaltsverzeichnis

Abbildungsverzeichnis

Tabellenverzeichnis

Abkürzungsverzeichnis

ABS	Antiblockiersystem
PKW	Personenkraftwagen
VDI	Verein Deutscher Ingenieure

Formelverzeichnis

Symbolverzeichnis

v_0	Anfangsgeschwindigkeit
m	Fahrzeugmasse
r_R	Radius des Rades
ω_R	Winkelgeschwindigkeit des Rades
φ_R	Drehgeschwindigkeit des Rades
μ_λ	Reibungskoeffizient
λ	Schlupf
v_F	Fahrgeschwindigkeit
v_U	Umfangsgeschwindigkeit
c_w	Luftwiderstandsbeiwert
A	angeströmte Fläche
ρ	Luftdichte
s	Sekunden

1. Einleitung

1.1 Begründung der Themenstellung

Seit 1966 begann der Verbau von ABS System in Fahrzeugen. Die Entwicklung schritt in diesem Bereich schnell voran und ab dem Beginn des 21 Jahrhunderts war ein Verbau von ABS bei den europäischen Automobilherstellern selbstverpflichtend. Trotz dessen werden noch heute Kraftfahrzeuge bis zu 2,5 t ohne serienmäßigen ABS gefertigt und somit ist auch hier noch die Themenstellung von Interesse.[1]

Jedoch möchte sich jetzt keiner dieser Fahrzeugnutzer in der Realität zur Verfügung stellen und hier Tests im Bereich des Bremsvorgangs unter verschiedenen Bedingungen durchführen. Dieses zum Eigenschutz und zum Schutz anderer. Um trotz der Prämisse Ergebnisse zu erhalten, gibt es Simulationen, welche eine Situation mit verschiedenen Variablen darstellen lässt. Es bildet somit die Realität nach, wobei zu beachten ist, dass aufgrund von möglichen unberücksichtigten Nebeneinflüssen, kein 100% verlässliches Ergebnis geliefert werden kann. Im alltäglichen Leben gibt es viele dieser Situationen, alleine schon wenn man sich eine Handlung vor der Ausführung gedanklich durchspielt, ist es eine Form der Simulation.[2] Ebenso kommen Simulationen in vielen Bereichen wie Softwaretest und Technik zum Einsatz um auch Entwicklungsprozesse zu begleiten.

Aus diesen Gründen wird die hier gestellte Thematik aufgegriffen und im nachfolgenden aufgezeigt und simuliert.

1.2 Zielsetzung und Aufbau der Arbeit

Das Ziel dieser Arbeit ist es, die Auswirkungen einer Vollbremsung auf Fahrzeuge, mit unterschiedlichen Massen und Ausgangsgeschwindigkeiten, ohne ABS zu untersuchen.

Um dieses Ziel zu erreichen, wird dieses Assignment mit einem Grundlagenteil beginnen, um einen einheitlichen Stand zu Begrifflichkeiten und Definitionen sicherzustellen. Darauf aufbauend erfolgt die Modellbildung für das Anwendungsbeispiel des Bremsvorganges ohne ABS und der Überführung in ein mathematisches Modell. Weiterführend wird das mathematische Modell für die Simulation verwendet, welche mittels der Software MATLAB Simulink®[3] durchgeführt wird. Für die Testdurchführung erfolgt für fünf verschiedene Fälle,

---

[1] Vgl. Reif, K.; (2010); S. 145
[2] Vgl. Bossel, H.; (2004); S. 12 f.
[3] MATLAB® ist ein eingetragenes Warenzeichen von The MathWorks Inc. und ist ein Numerikprogramm

für welche die Variablen später in diesem Abschnitt frei gewählt werden. Abschließend erfolgt die Bewertung der Ergebnisse.

2. Grundlagen und Begriffsabgrenzung

2.1 Die Modellbildung

Ein Modell soll die Realität imitieren, da eine exakte Abbildung zu komplex ist für ein Modell ist, aber auch weil häufig eine genaue Nachbildung für den Verwendungszweck nicht benötigt wird. Die Abstrahierung von der Realität erfolgt unter anderem dadurch, dass nicht zentrale Details vernachlässigt, Objektdetails nach möglich weggelassen und wenn möglich einzelne Segmente zu einem Ganzen zusammengefasst werden.[4] Kurz zusammengefasst kann man sagen, dass ein Modell optimal ist, wenn es so einfach wie möglich gestaltet wird, jedoch so komplex ist damit es den Anforderungen des Nutzungszwecks entspricht.

Zu Beginn der Modellbildung muss eine Problemstellung definiert und der Modellzweck eruiert werden. Auf dieser Basis erfolgt die Erstellung des Modells. Um später mittels des Modells eine Simulation durchführen zu können, sind je nach Aufgabenstellung und gewünschten Detaillierungsgrad die entsprechenden Parameter und Variablen festzulegen. Allerdings müssen Modelle auch noch handhabbar bleiben. Dies gilt insbesondere dann, wenn die Simulationsmodelle sehr komplex sind und trotz dessen eine annehmbar kurze Rechenzeit für die Simulation gegeben sein soll.[5] Bei der Modellbildung wird das Problem beschrieben und schlussendlich in ein mathematisches Modell überführt.

2.2 Die Simulation von Modellen

Simulation im Allgemeinen ist in der VDI Richtlinie 3633, Blatt 1 definiert. Es handelt sich lt. dieser Richtlinie um einen Vorgang zur Nachbildung eines Modells mit einem dynamischen Prozess bzw. Prozessen. Das Ziel ist es, Ergebnisse zu erhalten und ggf. Maßnahmen zu ergreifen, um z. B. das funktionierende und den Erwartungen entsprechendes Modell in der Realität umzusetzen.[6] Das Kapitel 2.1 schafft mittels der Definition die Grundlage. Die Simulation von Modellen umfasst die Ausführung und Berechnung von Modellen. Mittels diesem Vorgehen kann die Ausführung von Szenarien ohne Einfluss auf die Realität erfolgen.[7] Es gibt verschiedene Arten von Simulationen (z.B. Monte-Carlo-Simulation,

---

[4] Vgl. Braun, N.; et. al.; (2015); S. 61 f.
[5] Vgl. Bungartz, H.-J.; et. al.; (2013); S. 93 ff.
[6] Vgl. Volkhard, F.; (2011); S. 7
[7] Vgl. Braun, N.; et al.; (2015); S. 78 f.

diskrete Simulation, usw.), auf welche hier nicht eingegangen wird. Diese Arbeit basiert auf der Simulation mittels MATLAB Simulink®.

2.3 Das Antiblockiersystem

Auch wenn hier die Bearbeitung ohne das System „ABS" abläuft, sollte trotzdem hier eine kurze Darstellung erfolgen. So ist leichter ein Verständnis für die Bearbeitung der Themenstellung, insbesondere welche Auswirkung das fehlende ABS hat, besser gegeben. Das ABS ist ein System welches der Fahrsicherheit beiträgt, mit dem zusätzlichen Effekt der Kosteneinsparung (Verringerung des Verschleißes der Räder). Das Ziel des Antiblockiersystems ist, dass die Fahrzeugräder bei einer Vollbremsung nicht blockieren und somit das Fahrzeug für den Bediener weiterhin kontrollierbar bleibt und der Bremsvorgang stabilisiert wird. Ein weiterer wichtiger Punkt ist die Verringerung des Bremsweges bei nasser Fahrbahn. Grob umschrieben ist die Funktion durch das wiederholte Absenken und Abheben des Bremsdrucks, welches bei einer genauen Betrachtung aber komplexer ist. Statistisch gesehen greift das ABS lediglich bei ca. zwei Prozent der Bremsvorgänge im regulären Straßenverkehr ein, ist aber für die Verminderung der Unfälle im Straßenverkehr ein wichtiger Faktor.[8] Der Einsatz findet neben Kraftfahrzeugen auch einen Einsatz in z. B. der Eisenbahn und dem Flugzeugfahrwerk.

3. Testvorbereitung

3.1 Modellbeschreibung des Anwendungsbeispiels

Der Zweck des zu erstellenden Modells ist es, den Bremsvorgang eines PKW ohne ABS bei einer Vollbremsung abzubilden. Dabei wird untersucht, welchen Einfluss unterschiedliche Parameterwerte, betreffend der Fahrzeugmasse und Ausgangsgeschwindigkeit, auf die Rad- und Fahrzeuggeschwindigkeiten haben. Mittels der Modellbildung sollen alle relevanten Daten beschrieben werden, um die Anforderungen in mathematische Gleichungen überführen zu können. Um den Detaillierungsgrad des Modells so gering wie möglich zu halten entfallen hier unnötige Parameter wie Gefälle oder Witterungsverhältnisse.

3.2 Aufstellen der Bewegungsgleichungen

Vor der Erstellung der Bewegungsgleichung, erfolgt die Betrachtung der beiden relevanten Komponenten Räder und Fahrzeug. Zur Vereinfachung wird bei den Rädern nur ein einzelnes Rad betrachtet, mit welchem hier begonnen wird.

---

[8] Vgl. Heißing, B.; et al.; (2013); S. 543

Abbildung 1: Freigeschnittenes Rad und darauf wirkende Kräfte[9]

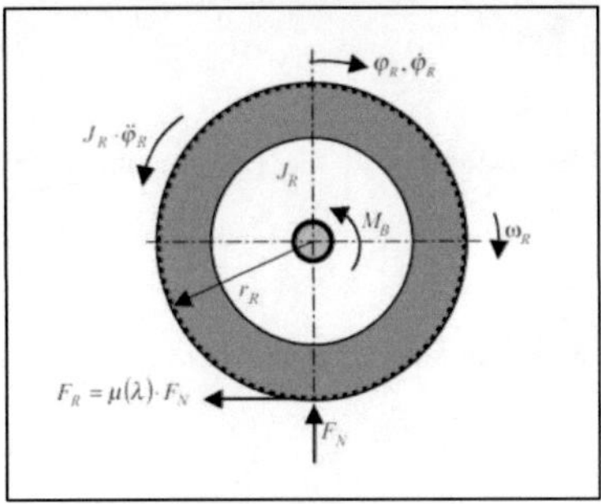

Auf das Rad wirken verschiedene Kräfte, wie:

- M_B: Der Bremsmoment. Dieser wirkt entgegengesetzt zu der Abrollrichtung wirkt

- F_R: Die Reibungskraft. Diese bewirkt die Verzögerung des Rades

- F_N: Die Normalkraft. Geht als Produkt mit dem Reibungskoeffizienten in die Reibungskraft ein

- M_R: Das Drehmoment des Rades.

- J_R: Das Trägheitsmoment des Rades (Negative Wirkungsrichtung)

Die Bewegungsgleichung des Rades wird mittels der Formel für das Momenten Gleichgewicht bestimmt.

Formel 1: Momenten Gleichgewicht[10]

$$J_R * \varphi_R = F_R * r_R - M_B$$

Um in der Simulation den Radschlupf bei einer Vollbremsung zu berechnen, kommt folgende Formel zum Einsatz:

Formel 2: Schlupfberechnung Rad[11]

$$\lambda = \frac{v_F - v_U}{v_F}$$

Der Schlupf errechnet sich aus der Differenz der Fahr- und Umfangsgeschwindigkeit, bezogen auf die Fahrzeuggeschwindigkeit. Der Schlupf variiert je nach Zustand der

[9] Vgl. Scherf, H.; (2010); S. 25
[10] Vgl. Dankert, J.; et al.; (2013); S. 71
[11] Vgl. Dankert, J.; et al.; (2013); S. 71

Freigängigkeit, d.h. wenn das Rad frei rollt ist beträgt der Schlupf 0%, ist das Rad jedoch blockiert, beträgt der Schlupf 100%.[12]

Analog der Betrachtung eines freigeschnittenen Rades, erfolgt jetzt die Betrachtung eines Fahrzeugs.

Abbildung 2: Freigeschnittenes Fahrzeug und darauf wirkende Kräfte[13]

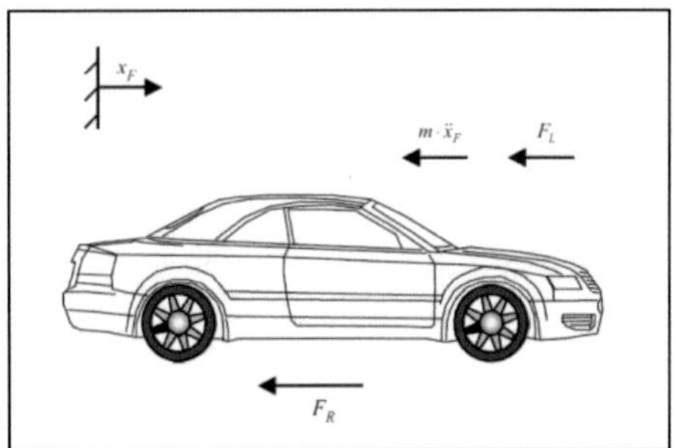

Die auf das Fahrzeug wirkenden Kräfte sind:

- F_R: Die Reibungskraft. Wie zuvor, jedoch hier die Summe aller Räder.
- F_L: Der Luftwiederstand.
- $m * x_F$: Hierbei handelt es sich um die Trägheitskraft (negative Wirkungsrichtung)

Formel 3: Berechnung des Luftwiderstands[14]

$$F_L = \frac{1}{2} * c_w * A * \rho * v^2$$

---

[12] Vgl. Reichel, H.R.; (2003); S. 32
[13] Vgl. Scherf, H.; (2010); S. 26
[14] Vgl. Liebl, J.; et al.; (2014); S. 235

3.3 Generierung des Blockschaltbilds

Das nachfolgende Blockschaltbild wird auf Basis der bisherigen Erarbeitung (mathematischen Gleichungen) mittels MATLAB Simulink® erstellt.

Abbildung 3: Blockschaltbild des Bremsvorgangs ohne ABS[15]

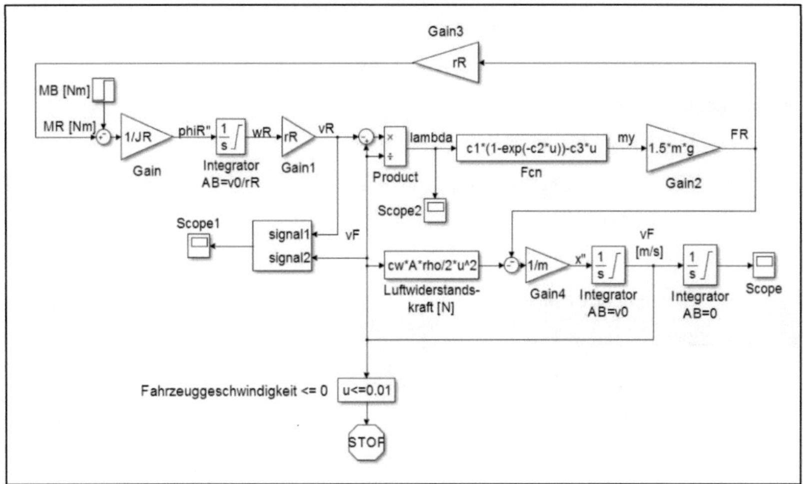

3.4 Definition der Testdaten / Parameter

Nachfolgend werden die Daten für die spätere Simulation festgelegt. Es unterscheiden sich Basiswerte, welche sich während den verschiedenen Simulationen nicht ändern, und variable Werte (Anfangsgeschwindigkeit: v_0; Fahrzeugmasse: m), welche je Simulation festgelegt werden. Die Fahrzeugmasse wurde nach meinem Fahrzeug, einem BMW 3er Serie Touring gerichtet, welche bei knapp 1.500 kg liegt um eine realistische Basis zu bilden. Als Geschwindigkeit wurde sich an der Richtgeschwindigkeit auf Autobahnen von 130 km/h als Ausgangspunkt angenommen.

- o Basisparameter[16]

  Die nachfolgenden Werte bleiben während der Simulation unverändert und stellen somit fixe Werte dar.

    - o Angeströmte Fläche $A = 2m^2$
    - o Luftwiderstandsbeiwert $c_w = 0,3$

---

[15] Eigene Darstellung MATLAB Simulink®
[16] Vgl Scherf, H.; (2010); S. 24 ff.

- o Luftdichte $\rho = 1{,}2 kg/m^3$
- o Erdbeschleunigung $g = 9{,}81 m/s^2$
- o Reifenradius $r_R = 0{,}3m$
- o Trägheitsmoment des Reifen $J_R = 0{,}8\ kg/m^2$
- o Koeffizient der Reibbeiwertberechnung $c_1 = 0{,}86$
- o Koeffizient der Reibbeiwertberechnung $c_2 = 33{,}82$
- o Koeffizient der Reibbeiwertberechnung $c_3 = 0{,}36$
- o Testfalldaten Variante 1
  - o Anfangsgeschwindigkeit $v_0 = 100\ km/h$
  - o Fahrzeugmasse $m = 1.500\ kg$
- o Testfalldaten Variante 2
  - o Anfangsgeschwindigkeit $v_0 = 130\ km/h$
  - o Fahrzeugmasse $m = 1.500\ kg$
- o Testfalldaten Variante 3
  - o Anfangsgeschwindigkeit $v_0 = 130\ km/h$
  - o Fahrzeugmasse $m = 1.550\ kg$
- o Testfalldaten Variante 4
  - o Anfangsgeschwindigkeit $v_0 = 200\ km/h$
  - o Fahrzeugmasse $m = 1.550\ kg$
- o Testfalldaten Variante 5
  - o Anfangsgeschwindigkeit $v_0 = 130\ km/h$
  - o Fahrzeugmasse $m = 1.880\ kg$

Alle Parameterwerte (fix & variabel) werden in MATLAB Simulink® übertragen. Die Betrachtung von Nebenwirkungen, wie Verhalten des Fahrers und dessen Reaktionen auf die Situation und Einflüsse auf den Testfall, wie Art des Fahrbahnbelags, erfolgt hier nicht.

4. Simulation eines Bremsvorgangs ohne ABS

4.1 Durchführung der Simulationen

Die Durchführung erfolgt in MATLAB Simulink® unter Verwendung der im dritten Kapitel erarbeiteten Basis und der festgelegten Parameter. Zu beachten ist, dass die Anfangsgeschwindigkeit v_0 nicht in km/h sondern m/s für die Anwendung umgerechnet werden.

o   1. Simulation

Für die Simulation werden alle benötigten Parameter in MATLAB überführt. Hierfür erfolgt analog der obigen Nummerierung hier die Übernahme der variablen Parameter. Mithilfe der Initialisierung erfolgt die Durchführung der Simulation. Dieses Vorgehen überträgt sich auf die vier weiteren Simulationen und wird nicht mehr je Punkt neu aufgeführt.

Simulation des Bremsvorgangs ($m = 1.500\ kg$ und $v_0 \approx 28\ m/s$)

Die Achsenbeschriftung ist hier und bei den folgenden Abbildungen identisch: Die x-Achse stellt die Zeit in Sekunden und die y-Achse die m/s dar. Ebenso verhält es sich mit den Graphen: Der gelbe Graph in der Abbildung zeigt die Radgeschwindigkeit und der Magenta Graph die Fahrzeuggeschwindigkeit. Aus der Graphik kann entnommen werden, dass nach ca. 0,25 s und einer Radgeschwindigkeit von 22 m/s das Rad blockiert und die Radgeschwindigkeit fällt schlagartig (weniger als 0,1 s) auf 0 m/s. Nach dem blockieren gibt es einen leichten Abfall der Geschwindigkeitsreduzierung.

o   2. Simulation

Simulation des Bremsvorgangs ($m = 1.500\ kg$ und $v_0 \approx 36\ m/s$)

In dieser Simulation änderte sich zum vorhergehenden Fall nur die Geschwindigkeit. Der Verlauf ist hier ähnlich. Jedoch tritt ein Blockieren der Räder erst nach ca. 0,4 s. Die Geschwindigkeitsabnahme verringert sich auch hier ab diesem Zeitpunkt.

o   3. Simulation

Simulation des Bremsvorgangs ($m = 1.550\ kg$ und $v_0 \approx 36\ m/s$)

Wie in der Abbildung ersichtlich ist, kommt hier das Fahrzeug bisher am schnellsten zum stehen. Eine Ursache liegt darin, dass die Räder anscheinend bis zum Ende nicht ausschlaggebend blockieren. Lediglich zu Beginn kommt es kurz zu einer Blockade welche sich schnell löst, welches dazu führt, dass sich die Graphen am Ende treffen.

o   4. Simulation

Simulation des Bremsvorgangs ($m = 1.550\ kg$ und $v_0 \approx 56\ m/s$)

Hier ist zu Beginn eine kurze Blockade der Räder zu erkennen, welche sich aber in unter 0,1 s wieder löst. Eine weitere Blockade ist nicht ersichtlich. Die Dauer des Bremsvorgangs bis zum Fahrzeugstillstand liegt bei 4,9 s.

- o 5. Simulation

Simulation des Bremsvorgangs (m = 1. 880 kg und v_0 ≈36 m/s)

Die Räder blockieren in dem angezeigten Bereich nicht. Das Fahrzeug bleibt bei ca. 3,8 s stehen.

4.2 Bewertung der Ergebnisse aus den Simulationen

In der nachfolgenden Tabelle sollen nochmals kurz alle Ergebnisse für die Bewertung zusammengefasst dargestellt werden.

Tabelle 1: Zusammenfassung der Daten aus den Simulationen

Testdurch-führung	Ausgangs-geschwindig-keit	Fahrzeug-masse	Dauer bis zum Stillstand	Dauer der Blockade der Räder in s
1	1.500 kg	100 km/h	3,6s	ca. 3,35 s
2	1.500 kg	130 km/h	4,6 s	ca. 4,2 s
3	1.550 kg	130 km/h	3,2 s	< 0,1 s
4	1.550 kg	200 km/h	4,7 s	< 0,1 s
5	1.880 kg	130 km/h	3,8 s	< 0,1 s

Aus der oben gezeigten Tabelle können zu den einzelnen Simulationen die Dauer bis zum Stillstand des Fahrzeugs und die ungefähre Dauer der Räderblockade entnommen werden.

Anhand dieser Resultate ergeben sich folgende Erkenntnisse:
- o Bei der Simulation eins und zwei führt die Geschwindigkeitszunahme zu einer Verlängerung der Bremszeit um 1 s. Jedoch könnte man hier die Annahme treffen, dass eine Sekunde nicht viel ausmachen wird, insbesondere im Hinblick auf den Geschwindigkeitsunterschied von 30 km/h. Aus diesem Grund muss man hier den Bremsweg betrachten. Dieser zeigt deutlich (Abbildung 9) dass der Bremsweg sich um ca. 33 Meter verlängert. Dieses könnte im Ernstfall eine entscheidende

Verschlechterung mit sich bringen. Die Achsenbeschriftung der Graphiken ist: x-Achse stellt den Zeitverlauf, die y-Achse die Strecke in Meter dar.

Prozentual ausgedrückt verursacht in diesem Fall eine Geschwindigkeits-zunahme von 30%, eine Verlängerung des Bremswegs in Metern um ≈72%.

- o Ab einer gewissen Fahrzeugmasse, hier 1.550 *kg* ist eine Dauerhafte Blockade der Räder nicht mehr gegeben. Diese Blockieren gleich zu Beginn nur kurz
- o Die Geschwindigkeit wirkt hier nicht als Ursache für die Blockade der Räder
- o Zunehmende Fahrzeuggeschwindigkeit und Fahrzeugmasse führen zu einer Verlängerung der Zeit bis zum Stillstand des Fahrzeugs. Dieses ist am besten Ersichtlich bei den Simulationen drei bis vier, welche keiner größeren Räderblockade unterlagen.
- o Als Maßnahme für Fahrzeuge mit einer Gesamtmasse < 1.550 *kg* könnte man Tests mit der Bremskraft durchführen, um diese an das Ergebnis für Fahrzeuge mit >= 1.550 *kg* heranzuführen (->geringere Reifenblockade)
- o Das „optimalste" Ergebnis lieferte die dritte Simulation mit einer Dauer bis zum Stillstand von 3,2 Sekunden und einem blockieren der Räder von unter 0,1 Sekunden.

Es ist jedoch zu beachten, dass Nebenbedingungen hier keine Betrachtung erhalten haben (Lenkverhalten, nasse Fahrbahn, usw.). Darum sollte hier nicht voreilig das Fazit gezogen werden, dass das ABS für Fahrzeuge mit einer bestimmten Fahrzeugmasse nicht relevant sind.

5. Fazit und kritische Reflektion

Die Funktion einer Simulation und der dazugehörigen Erstellung eines Modells wurde in dieser Arbeit grundlegend und mittels einem Anwendungsbeispiel erläutert. Der hier aufgezeigte Themenausschnitt „Simulation" stellt aufgrund seiner häufigen Anwendung, wie einleitend beschrieben, zusammen mit der Modellbildung ein wichtiges Vorgehen dar. Mathematische Modelle und Modelle im Allgemeinen bilden einen Ausschnitt der Realität mit Einschränkungen in der Detaillierung dar und sind Basis für die Simulationen. Jedoch dürfen bei der Wahl des Detaillierungsgrad wichtige Bestandteile für die weitere Bearbeitung nicht verloren gehen.

In diesem Assignment wurde die Simulation eines Bremsvorgangs ohne ABS für verschiedene Testdaten durchgeführt. Die Ausführung erfolgte unter der Berücksichtigung von Basisparametern und zwei variablen Parametern (Anfangsgeschwindigkeit und Fahrzeugmasse). Damit wurde das Ziel erarbeitet, das Verhalten eines Fahrzeugs beim Bremsvorgang aufzuzeigen. Dieses Verhalten wurde mit fünf verschiedenen Durchführungen dargestellt, um für die abschließende Ergebnisbewertung eine Datengrundlage zu erreichen. Die unterschiedlichen Ergebnisse zeigten die unterschiedlichen Auswirkungen durch die geänderten Parameter auf die Zeit und Strecke bis zum Fahrzeugstillstand. Aus diesen Erkenntnissen können Maßnahmen abgeleitet werden, um die Gefahren bei einem Bremsvorgang ohne ABS zu vermindern. Diese ist jedoch nicht mehr Bestandteil dieser Ausarbeitung.

Die Durchführung der Simulationen für den Bremsvorgang eines PKWs ohne ABS, konnte in dieser Arbeit anschaulich dargestellt werden, unter der Prämisse dass der Seitenumfang überschritten wurde. Auch wären hier Nebeneinflüsse auf die Wirkung des Bremsvorgangs, wie z. B. Änderung der Reibung zwischen den Rädern und den Fahrbahn Belag, interessant, aber für den Umfang dieser Arbeit nicht umsetzbar gewesen.

Literaturverzeichnis

Bossel, Hartmut; Systeme, Dynamik, Simulation; Books on Demand GmbH; Norderstedt; 2004

Braun, Norman; Saam, J. Nicole; Handbuch Modellbildung und Simulation in den Sozialwissenschaften; Springer Fachmedien Wiesbaden; 2015

Bungartz, Hans-Joachim; Zimmer, Stefan; Buchholz, Martin; Pflüger, Dirk; Modellbildung und Simulation; 2. Auflage; Springer-Verlag; Heidelberg; 2013

Dankert, Jürgen; Dankert, Helga; Technische Mechanik; 7. Auflage; Springer Vieweg Verlag; Wiesbaden; 2013

Heißing, Bernd; Ersoy, Metin; Gies, Stefan; Fahrwerkhandbuch; 4. Auflage; Springer Fachmedien; Wiesbaden; 2013

Liebl, Johannes; Lederer, Matthias; Rohde-Brandenburger, Klaus; Biermann, Jan-Welm; Roth, Martin; Schäfer, Heinz; Energiemanagement im Kraftfahrzeug; Springer Fachmedien; Wiesbaden; 2014

Reichel, Hans-Rolf; Elektronische Bremssysteme; 2. Auflage; expert Verlag; Renningen; 2003

Reif, Konrad; Bremsen und Bremsregelsysteme; Springer Fachmedien GmbH; Wiesbaden; 2010

Scherf, Helmut; Modellbildung und Simulation dynamischer Systeme; AKAD Bildungsgesellschaft mbH; 2010

Volkhard, Franz; Simulation von Unikatprozessen; Kassel University press GmbH; Kassel; 2011